百年記憶兒童繪本

李東華｜主編

孩子劇團

徐魯｜文　　徐文升｜繪

中華教育

星星在天上顫抖。

它們肯定也看到了遠方的滿天紅光。

那是日本侵略者扔下的炸彈，把我們的城市變成了一片火海……

我們逃出來了。22個小夥伴，一個也沒有少。

吳大哥說：「孩子們，現在上海淪陷了，我必須把你們儘快轉移到武漢去。」

吳大哥還不到二十歲。他是一位勇敢堅定的中共地下黨員、抗日戰士，也是我們孩子劇團的團長。小雅姐姐是一位大學生，現在也加入了我們的隊伍。

背着小小的背包，背着我們各自的「武器」：胡琴、小提琴、小號、小化妝箱和道具箱……我們跟着吳大哥和小雅姐姐，開始向武漢轉移。

清冷的月光和昏黃的風燈，照着我們前行。

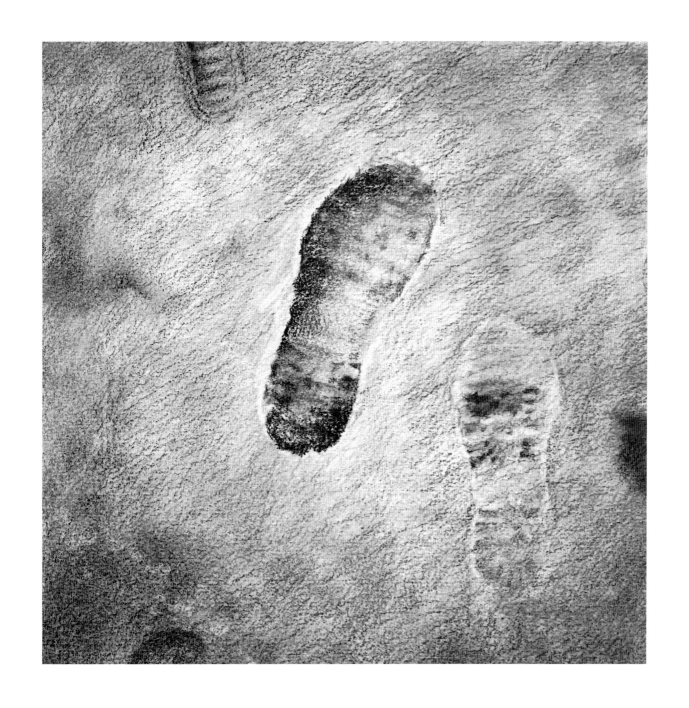

我們是一支小小的鐵流，少年的腳步踏破了大地的夢。

無論多麼寒冷的夜晚，我們也決不後退！黑夜的盡頭就是黎明。

走累了，我們就在曠野上圍着一堆小小的篝火休整一下。

最小的團員妮妮只有八歲。吳大哥揉着妮妮扭傷的腳，鼓勵大家說：「勇敢的孩子們，一定要堅持下去，只要活着，我們就能看到未來。」

到武漢的路還很遠，誰也不知道路上會發生甚麼。

吳大哥說：「我希望，不要有任何人生病，不要有任何人倒下！你們每個人都是黨的孩子，是中國的未來。」

「吳大哥，到了武漢，我就能找到爸爸媽媽了，對嗎？」

爸爸媽媽在我很小的時候就離開了家，我很想念他們。

「你們的爸爸媽媽正在北方和侵略者戰鬥。」吳大哥站起來，把我緊緊摟在胸前，安慰我說，「孩子，擦乾眼淚，我們要像堅強的小戰士一樣，去和爸爸媽媽重逢。」

踏着寒夜的露水，我們繼續向前，向前，向前……
村外的小樹林裏，
荒廢的破廟裏的稻草堆上，
還有樹洞和草垛裏，
都是我們背靠背的宿營地。

　　又一個黎明到來了。鐵道兩邊，到處是逃難的人羣，還有一些失去了腿或手臂，頭上纏着繃帶的士兵……

　　小雅姐姐帶着我們走上前，把僅有的一點乾糧分給逃難的老人和孩子。「看吧，日本侵略者踐踏了多少中國人的好日子！」小雅姐姐流下了悲憤的淚水。

　　在破廟裏，吳大哥帶着我們排練他新寫的兒童劇。我們去戰區流浪兒童收容所裏，為難童們表演《不願做奴隸的孩子們》，好多小難童也舉起手，要求加入我們的隊伍。我們去戰區醫院裏，為傷病員們表演《幫助咱們的游擊隊》。

　　士兵們個個眼睛紅紅的，握着拳頭說：「小弟弟小妹妹，謝謝你們！等我們養好了傷，一定重返前線，把日本鬼子趕出我們的家園！」

春天還沒有到來，樹木頑強地挺立在冬天的田野上和道路邊。

　　涉過冰封的小河，我們繼續向前，向前，向前⋯⋯走着走着，天空傳來「嗚嗚」的響聲，日本強盜的飛機又來轟炸了！吳大哥和小雅姐姐趕緊掩護着我們，分散到地堰下、枯樹底下和乾涸的水渠裏⋯⋯

一陣爆炸聲過後，被小雅姐姐護在身下的妮妮得救了，可是，日寇的炮彈奪走了我們的小雅姐姐……

　　美麗的小雅姐姐，再也聽不見我們的呼喊聲了！

　　吳大哥心痛得把自己的嘴屑都咬出了血。

　　我們每個人的心裏都燃燒着憤怒的火焰！

　　我的好朋友大勇實在忍不住了，他揮動着雙臂，朝冒着濃煙的遠方大聲喊：「日本強盜你來吧，我們和你拚了！」

　　就在昨天，傳來一個消息：大勇的爸爸媽媽都在前線犧牲了。他成了孤兒。

我們把小雅姐姐掩埋在朝着家鄉方向的山岡上。

　　吳大哥把我們緊緊聚攏在一起，雙眼噴着怒火，對着遠方說：「殘暴的日寇，你們聽着！你們可以炸毀我們的村莊、我們的房屋，可是你們永遠炸不垮中華民族堅強的意志！」

告別小雅姐姐，擦乾淚水和身上的血跡，我們繼續向前，向前，向前……

無聲的雪，鋪滿了夜晚的大地。

我們背着的鋪蓋卷和道具箱上也落滿了雪花。

我們踏着清冷的星光，在雪地上繼續趕路。

甚麼也阻擋不住我們前進的腳步！

在隱蔽的小山溝裏，我們支起小黑板，讀書、認字、學文化。

在安靜的小樹林裏，吳大哥打着拍子，教我們學唱新的歌曲。

我們心中有一個強大的信念：只要抗日戰士在，中國就不會亡！只要我們在，明天就會到來！

一支支抗日隊伍，唱着戰歌，呼着口號，向着前方奔去……

我們站在道路兩旁，高唱着《打回老家去》《大刀進行曲》，為他們壯行。雄壯的歌聲和口號匯成鋼鐵一樣的聲音，一直撞向遠方和天邊……

　　一位老戰士含着淚，大聲說道：「孩子們！為了你們，我發誓，哪怕戰鬥到最後一個人，也一定要把侵略者趕出這片土地，讓你們都過上安穩的日子！」他的聲音就像風暴，颳過人們的心胸……

紅梅在早春的飛雪裏盛開了。經過幾個月的跋涉，我們終於到達武漢，到達了「家人」身邊。原來，吳大哥說的「家人」，不是指我們各自的爸爸媽媽，而是從延安來的那些穿灰布軍裝的親人。

　　周伯伯、鄧媽媽張開溫暖的懷抱，把我們一個個摟在懷裏，看了又看。鄧媽媽說：「勇敢的孩子們，你們總算回到家了！」

　　鄧媽媽為我們盛來熱粥，這是我們出發以來吃得最好的一次。

　　夜深了，月亮從雲縫裏爬出來。月光透過窗櫺，照在我們的牀鋪上。

　　周伯伯、鄧媽媽怕我們凍着，又把自己的棉被、夾被和毯子，一次次抱來，蓋在我們身上。

大音樂家冼星海叔叔，也冒着風雪，披着滿身雪花來看望我們。他還有力地揮動手臂，打着拍子，教我們演唱《祖國的孩子們》和《五月的鮮花》……

　　冬天的積雪還沒有融化，我們就跟着吳大哥走上街頭，開始演出了。《捉漢奸》是我們經常演的街頭劇，不過，小夥伴們誰也不願扮演漢奸，這個角色只好由吳大哥自己扮演了。我在《放下你的鞭子》裏扮演賣藝的小女孩。

　　每次上台前，吳大哥都會幫我紮好小辮子，給我化妝。

　　有一天，在露天歌詠大會上，星海叔叔還親自上台，擔任我們的指揮呢。

　　迎春花盛開了。櫻花、桃花、梨花也盛開了。

　　孩子劇團的小夥伴們，就像一棵棵春天的小樹在長大，在一次次演出中變得更加堅強。

夏天到了，湖塘裏長滿了荷葉，開滿了荷花。

我們從鄉村演出回來，每個人都頂着一支綠色的「大荷葉傘」……

坐在夏夜的星空下，妮妮朗誦了詩歌《天上的街市》：

遠遠的街燈明了，

好像閃着無數的明星。

天上的明星現了，

好像點着無數的街燈。

……

你看，那淺淺的天河，

定然是不甚寬廣。

那隔河的牛郎織女，

定能夠騎着牛兒來往。

……

依偎在周伯伯、鄧媽媽、郭伯伯的懷抱裏，把我們會唱的歌一首一首地唱給他們聽，那一刻是多麼幸福啊！

唱到《流浪兒》裏「我們都是沒家歸的流浪兒……我們要在炮火下長大……」時，在場的人都流下了眼淚。

　　郭伯伯站起來，激動地說：「看，連八九歲的小弟弟、小妹妹都曉得出來抗爭救亡了，中國就一定會在苦難中迎來自由解放！」

　　周伯伯也為我們加油說：「孩子們，你們就是祖國的春天和希望！我們要一手打倒日本強盜，一手創造嶄新的中國！」

周伯伯、郭伯伯還請來一些文化教員，給我們講戲劇、音樂和科學知識。因為經常停電，我們就圍在小小的煤油燈下唸書學習。

在戰火紛飛和艱難困苦的日子裏，我們一天天長大……

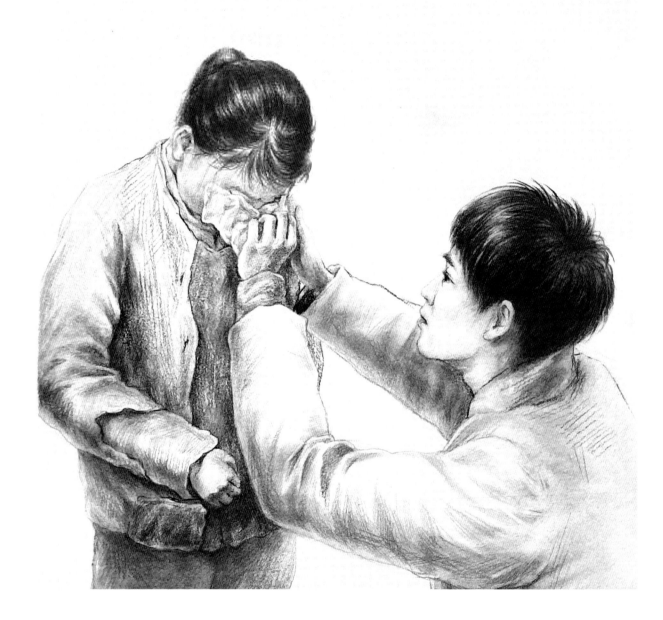

　　有一天，吳大哥捧着一頂綴着紅五星的灰布軍帽，鄭重地交給我説：「這是你爸爸留下的……」八角軍帽上染着血跡。這時我才知道，爸爸已經在前線犧牲了……

　　「吳大哥，那……我媽媽呢？」

　　「你媽媽跟隨毛主席、黨中央，轉戰到了延安。」吳大哥給我擦去眼淚，輕輕拍着我的肩膀說，「孩子，媽媽正在延安等着你……」

啊，延安！這是無數抗日志士奔赴的地方，也是我和小夥伴們日夜嚮往的地方。

這年春天，周伯伯、鄧媽媽又派人護送我們劇團的小夥伴們，一路向北，奔向滾滾的黃河，奔向了延安……

我和小夥伴們都穿上灰布制服，戴上了軍帽。

黃土高原上的山丹丹，開得像緋紅的火焰。我們都已長大，不再是小孩子了。

孩子劇團

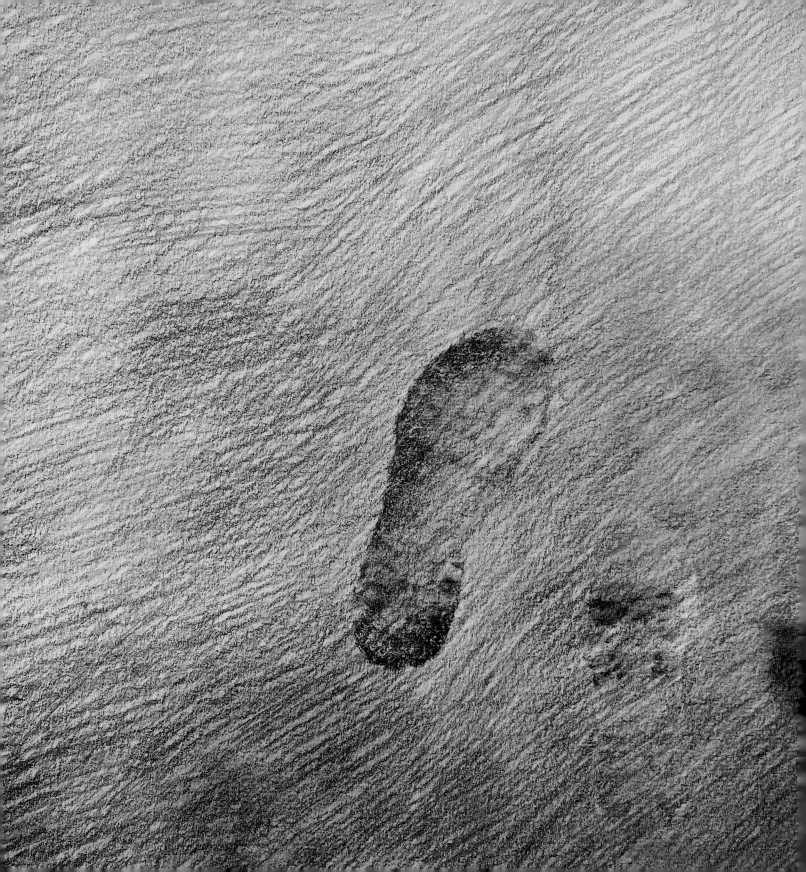

◎ 責任編輯　楊　歌
◎ 裝幀設計　鄧佩儀
◎ 排　版　鄧佩儀
◎ 印　務　劉漢舉

百年記憶兒童繪本

孩子劇團

李東華｜主編　　徐魯｜文　　徐文升｜繪

出版 | 中華教育
香港北角英皇道 499 號北角工業大廈 1 樓 B 室
電話：(852) 2137 2338 傳真：(852) 2713 8202
電子郵件：info@chunghwabook.com.hk
網址：http://www.chunghwabook.com.hk

發行 | 香港聯合書刊物流有限公司
香港新界荃灣德士古道 220-248 號荃灣工業中心 16 樓
電話：(852) 2150 2100　傳真：(852) 2407 3062
電子郵件：info@suplogistics.com.hk

印刷 | 迦南印刷有限公司
香港葵涌大連排道 172-180 號金龍工業中心第三期 14 樓 H 室

版次 | 2023 年 4 月第 1 版第 1 次印刷
©2023 中華教育

規格 | 12 開（230mm x 230mm）

ISBN | 978-988-8809-64-6